U0341113

图书在版编目（CIP）数据

美丽栖息 / (德) 托马斯·穆勒著；风雷译. -- 成
都：四川美术出版社，2020.9
书名原文: Wo leben die Tiere unserer Welt?
ISBN 978-7-5410-9410-1

Ⅰ.①美… Ⅱ.①托… ②风… Ⅲ.①动物—儿童读
物 Ⅳ.①Q95-49

中国版本图书馆CIP数据核字(2020)第149857号

Originally published as " Wo leben die Tiere unserer Welt"
© S. Fischer Verlag GmbH, Frankfurt am Main, 2016
First published in German by Patmos Verlag, Düsseldorf, 2005

本书中文简体版权归属于银杏树下（北京）图书有限责任公司

著作权合同登记号 图进字21-2020-256

美丽栖息
MEILI QIXI

[德] 托马斯·穆勒 著　风雷 译

选题策划　北京浪花朵朵文化传播有限公司	出版统筹　吴兴元
编辑统筹　冉华蓉	责任编辑　杨　东　温若均
特约编辑　陆　叶	责任校对　陈　玲　彭　鹏
责任印制　黎　伟	营销推广　ONEBOOK
装帧制造　墨白空间·李易	
出版发行　四川美术出版社	

（成都市锦江区金石路239号 邮编：610023）

开　　本　889mm×1194mm　1/16
印　　张　3.5
字　　数　60千
图　　幅　120幅
印　　刷　天津图文方嘉印刷有限公司
版　　次　2020年9月第1版
印　　次　2020年9月第1次印刷
书　　号　978-7-5410-9410-1
定　　价　54.00元

读者服务：reader@hinabook.com 188-1142-1266
投稿服务：onebook@hinabook.com 133-6631-2326
直销服务：buy@hinabook.com 133-6657-3072
网上订购：https://hinabook.tmall.com/（天猫官方直营店）

后浪出版咨询（北京）有限责任公司 常年法律顾问：北京大成律师事务所 周天晖 copyright@hinabook.com
未经许可，不得以任何方式复制或抄袭本书部分或全部内容
版权所有，侵权必究
本书若有印装质量问题，请与本公司图书销售中心联系调换。电话：010-64010019

艺术，让生活更美好

更多书讯，敬请关注
四川美术出版社官方微信

美丽栖息

［德］托马斯·穆勒 著

风雷 译

四川美术出版社

目录

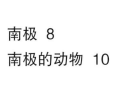
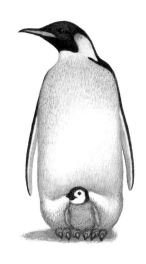

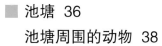

森 林

森林里的动物

森林里住着许多动物。这些动物都能在这里找到庇护和食物。到了冬天，树上的叶子都掉光了，森林变成了与夏天完全不同的模样。许多动物也在这个时候开始了冬眠。

狐狸

狐狸虽然胆小，却很能适应环境。它们因为可能携带狂犬病毒，而一再遭到大肆捕杀。狐狸经常和獾共用一个巢穴。

松鸦

松鸦是森林中嗓门最大的动物之一。它们会用嘶哑的叫声来警告其他鸟类提防危险。

大斑啄木鸟

啄木鸟用坚硬的鸟喙在树干上凿洞筑巢，然后在里面孵蛋。它们主要以生活在树皮内外的昆虫为食。

獾（huān）

獾是一种很容易受到惊吓的动物。傍晚和夜间，它们在森林里四处嗅探，寻找地上的食物。白天，它们则在自己挖好的洞穴里睡觉。

野猪

野猪是群居动物，野猪一家由野猪爸爸、野猪妈妈和野猪宝宝组成。它们通常在地上拱土觅食。野猪喜欢在烂泥坑里打滚。

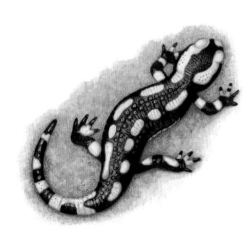

杜鹃

杜鹃会把蛋下在其他鸟类的巢中，由这些鸟儿替它们孵蛋，并把小杜鹃养大。

苍鹰

苍鹰是一种敏捷而强壮的猛禽，通常猎食雉鸡、野兔或者其他类似大小的动物。

松鼠

松鼠是灵活的爬树能手。它们以坚果和其他林中野果为食。到了冬天，一些松鼠会在它们的窝里冬眠。

火蝾螈

火蝾螈生活在森林中潮湿的地方。它们最长可达 28 厘米，主要以蠕虫、蜗牛和一些幼虫为食。

鹿

鹿是森林中体型最大的哺乳动物，只有雄鹿才有鹿角。秋天，雄鹿会为了争夺领地而用鹿角进行打斗。到了冬天，雄鹿的鹿角会脱落，然后再慢慢长出新的鹿角。

南　极

南极的动物

南极是世界上最冷的地方。这个地区的动物已经适应了寒冷的气候以及在终年不化的冰雪中生活。在它们当中，许多动物的身上都长有厚厚的脂肪层。南极的冰海里生活着非常丰富的鱼类和浮游生物。

信天翁

信天翁是一种大型海鸟。它们大部分时间都在开阔的海域上空滑翔。信天翁在陆地上显得有些笨拙，特别是起飞和降落，对它们来说非常困难。

豹海豹

豹海豹是海豹的一种。它们的体长可达 3.5 米。豹海豹主要捕食鱼类、其他海豹和企鹅。

虎鲸

虎鲸生活在以家族为单位的群体中。一群虎鲸会一起猎捕其他海洋哺乳动物和大型鱼类。虎鲸的背鳍巨大，像倒竖在水中的戟，因此它们也被称为"逆戟鲸"。

象海豹

象海豹是海豹的一种。它们体格魁梧，雄性象海豹体长可达 6 米。象海豹以鱼类和乌贼为食。它们能潜至水下 400 米的深处。

贼鸥

贼鸥喜欢抢夺其他鸟类的猎物。此外，它们还会偷盗鸟蛋、袭击幼鸟。

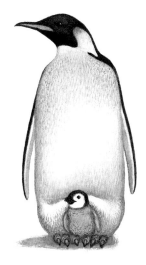

阿德利企鹅

和所有其他企鹅一样，阿德利企鹅在陆地上也显得有些笨拙，不过它们却非常适应水中的生活。它们身上长有厚厚的脂肪层，能够抵御严寒。

王企鹅

企鹅是不会飞的鸟类，它们把翅膀当作鳍来用。王企鹅体长约 1 米，是灵活的游泳健将。

帝企鹅

帝企鹅是个头最大的企鹅，体长可达 1.22 米。在南极的冬天里，雄性帝企鹅负责为期两个月的孵蛋工作，它们会把企鹅蛋托在双脚上，藏在腹下的育儿袋里进行孵化。

蓝鲸

蓝鲸是有史以来生活在地球上的最大的动物，体长可达 33 米，比远古时代的恐龙还大。蓝鲸目前濒临灭绝。

海狗

海狗长着一身厚厚的皮毛。只有在繁殖期，海狗才成群地爬上陆地，其他时候它们都在大海中遨游。

农庄

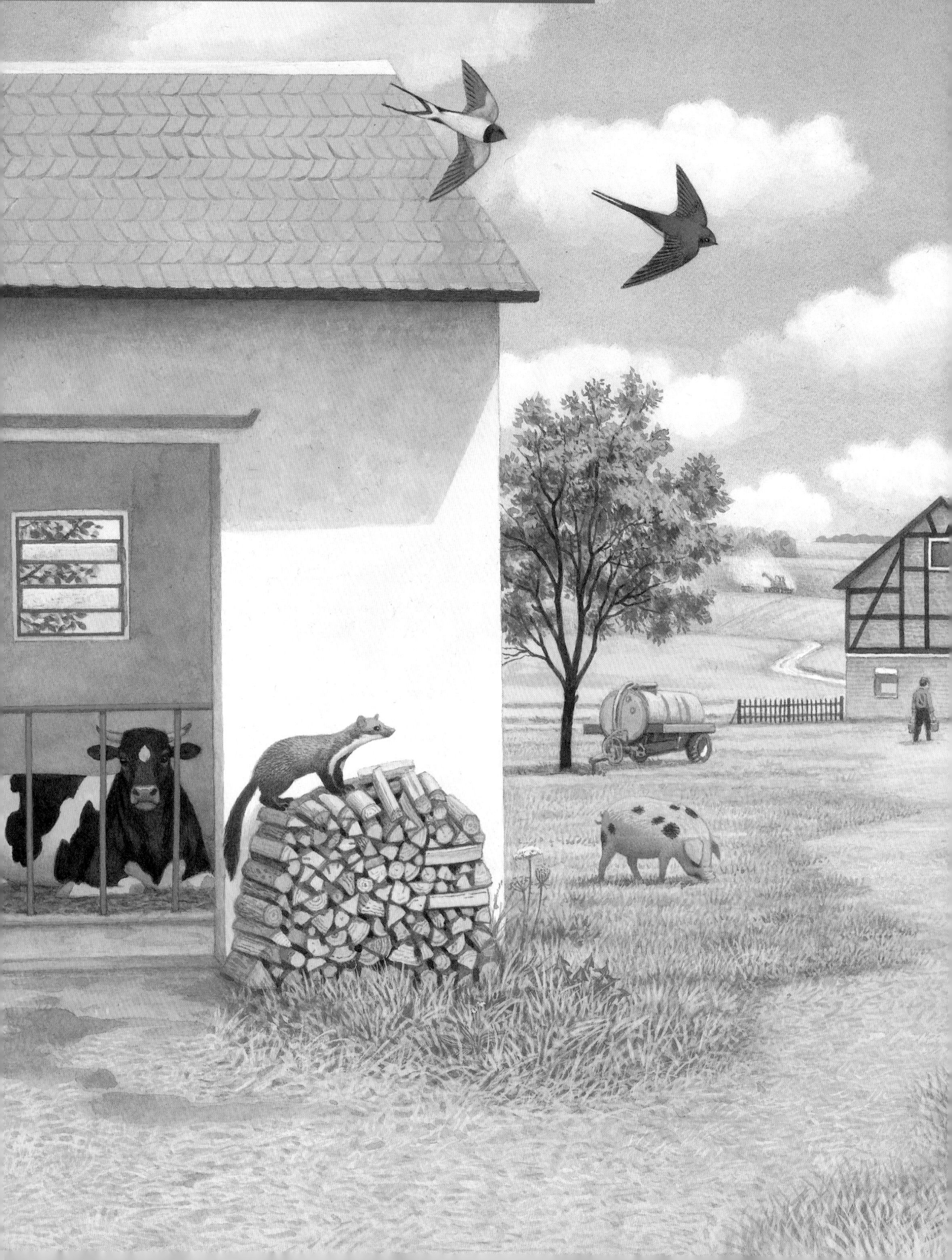

农庄里的动物

人们在农庄里饲养了很多动物。除了这些牲畜以外，也有许多其他的动物生活在畜棚和农舍附近。

仓鸮（xiāo）

仓鸮是猫头鹰的一种。猫头鹰是夜行动物，白天它们则躲在安全的地方打瞌睡。仓鸮喜欢在谷仓或者塔楼内黑暗的空隙处筑巢孵蛋。

石貂

石貂是在黑夜中神出鬼没的猎手。它们大多生活在人类的住宅区附近。石貂主要以小型动物为食，也会吃一些果实。石貂有时会咬断汽车里的电缆，但人们至今不清楚它们这么做的原因。

猪

家猪的祖先是野猪，不过家猪的模样却和野猪大不相同。母猪一年能生产两次，多时一次可产十几头猪崽儿。

绵羊

绵羊为人类提供羊毛、羊肉和羊奶。它们的适应性很强，是非常好圈养的动物。

马

马以前是农田里的劳动力，后来被机器取代。它们现在主要被用作坐骑。马的品种很多。

家燕

　　家燕是一种极其灵活的飞鸟。它们能在飞行过程中捕捉蚊子和苍蝇。家燕在房屋内筑的鸟巢非常精致。它们通常飞到南半球过冬。

鹅

　　鹅的脚趾间长有蹼，因此非常善于游水。鹅虽然属于水禽，却喜欢待在陆地上。

鸡

　　家鸡的祖先原鸡生活在印度和中国云南、广西等地。如今，鸡通常由大型养鸡场来养殖。

奶牛

　　奶牛为人类提供牛奶，牛奶又可以被制成黄油和奶酪。夏天，奶牛在牧场上生活；冬天，它们则在牛棚里过冬。

山羊

　　山羊一点儿也不怕生。它们最喜欢待在户外的草坪上。

珊瑚礁里的动物

珊瑚礁由许许多多微小的动物——珊瑚虫组成，它们分泌的石灰质物质构成了礁石。珊瑚礁为很多动物提供庇护和食物。

真鲨

世界上有许多种鲨鱼。大多数鲨鱼对人类来说并不危险。鲨鱼的骨骼完全由软骨组成，没有任何真骨组织。鲨鱼的皮肤摸起来像砂纸一样粗糙。

军舰鸟

军舰鸟通常从空中俯冲入水，猎捕鱼类。雄性军舰鸟求偶时会大口地吸气，使鲜红色的喉囊鼓胀起来。

海豚

海豚属于鲸类。它们用肺呼吸。海豚是群居动物，生活在较温暖的海域。它们在水下靠超声波来识别方向。

水母

世界上有很多种水母。有些水母能用长长的刺丝来麻痹猎物。

海鳗

海鳗通常躲藏在珊瑚礁里。有些海鳗吃鱼，另一些则以甲壳动物和海胆为食。海鳗体长可达 1.5 米。

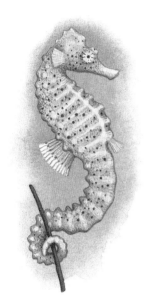

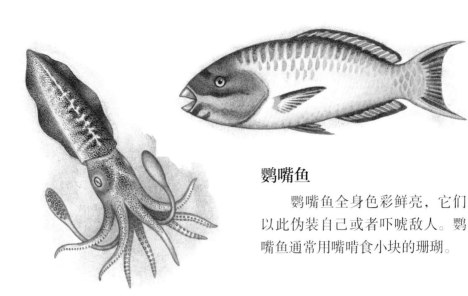

鹦嘴鱼

　　鹦嘴鱼全身色彩鲜亮，它们以此伪装自己或者吓唬敌人。鹦嘴鱼通常用嘴啃食小块的珊瑚。

海马

　　海马经常用尾巴钩住水中的植物来固定身体。雄性海马利用育儿袋孵卵。

乌贼

　　乌贼俗称墨鱼，但它们并不属于鱼类，而是一种软体动物。当遇到危险时，乌贼会喷出一种黑褐色的液体把水染黑。人们还曾用这种液体来制作墨水。

珊瑚鱼

　　珊瑚鱼的色彩非常艳丽。它们通常栖息在珊瑚礁中。

珊瑚

　　珊瑚是动物，它们生活在热带海洋中靠近水面的地方。这种极其微小的动物成千上万地聚集在一起，构成一个群体。它们分泌的石灰质物质上又会不断生成新的珊瑚，使珊瑚礁逐渐变大。珊瑚有很多种类。

田野和草地

田野和草地中的动物

田野和草地构成了非常多样化的自然环境，这里是许多动物的栖息地。树篱和灌木丛对动物来说非常重要，它们能在那里藏身并安心养育后代。

蝗虫

蝗虫能借助两条强有力的后腿跳得非常远。它们用后腿摩擦翅膀，发出声音。蝗虫有很多种类。

野兔

野兔非常善于奔跑。为了躲避天敌，野兔能在奔跑时突然改变逃窜的方向，从而摆脱追捕它们的动物。

穴兔

穴兔和野兔长得很像，不过个头要比野兔小一些。穴兔喜欢群居在洞穴内，它们在那里产下大量兔崽。小穴兔出生3个星期后，就能跑出洞穴探索周围的环境。

雉鸡

雉鸡也叫野鸡，原产地在亚洲。雉鸡善于奔跑，不喜飞行。雌性雉鸡的羽色并不艳丽。它们把巢筑在地上，多时一次能孵化十几只蛋。

田鼠

田鼠是一种野鼠。在有些年份里，它们会大量繁殖而泛滥成灾。

小红蛱（jiá）蝶

　　小红蛱蝶是最美丽的蝴蝶之一。它们先由卵变成幼虫，然后吃得圆圆胖胖的，再结茧化蛹，最后破蛹而出。

普通鵟（kuáng）

　　鵟是一种常见的猛禽。它们经常在高空中盘旋，用锐利的双眼搜寻猎物。

仓鼠

　　仓鼠生活在田野附近的地道或洞穴中。它们会把过冬用的谷粒也贮存在那里。

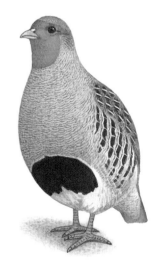

狍子

　　黄昏时，狍子会离开栖息的灌木丛，去森林边缘或者草地上吃草。雄性狍子的头上长有角。

山鹑

　　山鹑是一种小型鹑鸡。它们喜欢生活在有草地、田野和树丛的多样化环境中。

热带雨林里的动物

热带雨林气候炎热而潮湿，这里的动植物种类异常丰富。热带雨林里的参天大树枝繁叶茂，只有些许阳光能穿透树冠照射到地面上。雨林对全球气候起着举足轻重的作用。

黑框蓝闪蝶

这种大蝴蝶的典型特征是，它们的翅膀上拥有蓝色的金属般的光泽。

金刚鹦鹉

金刚鹦鹉喜欢群居。它们常常大声呼叫着成群地穿梭在森林中。金刚鹦鹉的喙强劲有力，甚至能把坚果啄开。

美洲角雕

美洲角雕属于鹰科，是最强壮的猛禽之一。它们主要猎捕栖息在参天大树的树冠中的猴子和树懒。

树懒

树懒已经完全适应了在树上的生活。它们用强壮的爪子抓住树枝，倒挂着身躯，一边慢慢地爬动，一边寻找树叶和果实之类的食物。

美洲豹

美洲豹是美洲最大的肉食性猫科动物。它们通常需要一片广阔的狩猎领域。然而，人类对热带雨林的砍伐破坏了美洲豹赖以生存的自然环境，使它们的栖息地大大缩小；此外，为了得到美洲豹漂亮的皮毛，人类对它们进行了捕杀。美洲豹因此变得越来越稀少。

南美浣熊

南美浣熊是一种小型浣熊。它们善于攀爬，常常结群穿行在森林中寻找食物。

巨嘴鸟

巨嘴鸟的喙虽然很大，但由于里面有很多小型气腔，实际上很轻。巨嘴鸟主要以果实为食，也会捕食蜥蜴和幼鸟。

吼猴

就像它们的名字那样，吼猴能发出巨大的吼声。它们以族群为单位生活在树冠中。

蚺（rán）

蚺是一种体型巨大的蛇，长度可达 4 米。它们先把猎物缠绕住，再用强壮的身躯把猎物勒死，然后整个吞下。

貘（mò）

貘善于游泳和潜水。除了交配期以外，貘总是单独行动。通常一头雌貘一胎只生一只幼崽。

城市里的动物

尽管城市里充斥着噪声，而且到处都是房屋和汽车，但在某些隐蔽的地方还是生活着一些动物。这些动物通常已经在城市里居住了很长时间，早已习惯了在人类周围的生活。

乌鸫（dōng）

乌鸫曾经是栖息在森林里的一种鸟类，后来它们跟随人类来到村庄和城市。乌鸫的鸣叫声非常动听。

鸽子

许多城市里都生活着野生的鸽子，因为它们能在那里找到足够的食物。鸽子有时会大量繁殖，泛滥成灾。

雨燕

雨燕能以惊人的速度在空中疾速飞翔。它们的一生几乎都在空中度过。雨燕甚至能一边飞行一边睡觉。

红隼（sǔn）

红隼体型修长，它们不仅善于飞翔，而且是捕猎高手。它们通常把巢筑在高楼里。红隼响亮的叫声能传得很远很远。

狗

狗是人类最早开始饲养的宠物。狗是由狼驯化而来的。通过人工培育，狗的品种迄今已有 400 多种。

麻雀

麻雀是喜欢群居的小型鸟类，它们的叫声很响亮。麻雀通常把巢筑在房屋或树木的间隙和裂缝中。麻雀分布在世界各地。

喜鹊

喜鹊是鸦科鸟类的一种。它们的巢上有一个用树枝搭成的防护巢顶。人们经常能听见喜鹊嘶哑的叫声。

刺猬

刺猬背上长着密而尖的刺，遇到危险时，它们就把自己蜷成一团。到了冬天，刺猬会在枯叶堆里找个地方冬眠。

蝙蝠

蝙蝠是唯一会飞的哺乳动物。它们通常在傍晚和夜间捕食昆虫。飞行时，蝙蝠靠超声波来识别方向。它们在冬天会聚集成群，一起在阁楼或洞穴里冬眠。

猫

猫是一种很受欢迎的宠物。它们有时温柔顺从，有时又任性执拗。猫需要主人的护理和关爱，如果得不到这些，它们就会逐渐野化。

海边的动物

海边潮涨潮落，生活在这里的动物以不同的方式适应了海水的这种不断进退的运动。

寄居蟹

与其他甲壳动物不同，寄居蟹的腹部非常柔软。为了保护腹部不受伤害，寄居蟹通常会住进空螺壳里。等到寄居蟹逐渐长大，螺壳变得窄小时，它们会再去找一个大一点的螺壳。

鸟蛤（gé）

海边生活着大量鸟蛤。鸟蛤由两片坚硬的贝壳组成，贝壳包裹着中间的软体。鸟蛤以藻类为食。

蛎（lì）鹬（yù）

蛎鹬是一种涉禽。它们经常结成小群在海边搜寻海贝和海螺。

红嘴鸥

红嘴鸥是一种小型海鸥，它们也出现在内陆地区。红嘴鸥通常结群筑巢和繁殖，它们密密麻麻地挤在一起，不断发出嘈杂的叫声。

银鸥

银鸥属于典型的滨海鸟类。它们能发出大而嘶哑的叫声。银鸥多吃甲壳类动物、软体动物、鱼类、幼鸟和人类的残羹剩饭。它们通常把巢筑在沙丘或岩石上。

普通滨蟹

普通滨蟹生活在海洋浅水区。为了寻找食物，它们也会在夜间爬上海滩。

海星

海星看起来好像一动也不动，但其实它们在海底非常缓慢地爬行着。海星借助身体底部的管足行动。它们还能利用这些管足打开贝类，取食里面的软体。海星的嘴也长在身体的底部。

贻贝

贻贝通常吸附在岩石上。它们经常成千上万地聚集在一起，形成大型贻贝群。贻贝味道鲜美。秋季是捕捞贻贝的好时候。

海胆

海胆属于棘皮动物。它们一边在海底缓慢地爬行，一边搜寻藻类食物。

港海豹

港海豹是海豹的一种。它们在陆地上显得有些笨拙，在水里却是灵活的游泳健将。它们用像桨一样的鳍来划水。港海豹多捕食鱼类、乌贼和甲壳类动物。

池 塘

池塘周围的动物

对动物来说，池塘是非常敏感的栖息地，各种污染以及农田里的化肥都会给它们带来危害。与肮脏的池塘相比，干净的池塘能为更多的动物提供适宜的生存条件。

黑水鸡

黑水鸡的典型特征是，它们总在抽搐式地颤动头和尾巴。它们喜欢穿行在水边的草丛或芦苇丛中。

冠欧螈

冠欧螈属于有尾两栖动物。春季，冠欧螈生活在水中。它们的体长可达 18 厘米。

白鹳（guàn）

白鹳的巢比较大，通常筑在房顶或烟囱上。白鹳和同伴打招呼时，会快速地拍打上下喙，从而发出"嗒嗒"的响声。白鹳会在草地和田野上捕食青蛙和老鼠。它们一般在非洲过冬。

鲤鱼

鲤鱼是一种常见的淡水鱼。人们会在专门的鱼塘里养殖这种食用鱼。

游蛇

游蛇无毒，喜欢生活在水中。它们善于游泳和潜水。当遇到危险时，游蛇会从身上的一个腺体中喷出有腥臭味的液体。

翠鸟

翠鸟羽色鲜艳亮丽，被称为"会飞的宝石"。翠鸟依赖于天然形成的池岸生存。为了捕食小鱼，它们会从空中俯冲而下，一头扎入水中。

蜻蜓

蜻蜓飞得快如闪电。它们能一边飞行一边捕捉昆虫。蜻蜓的幼虫是掠食性动物，它们生活在水中。

青蛙

青蛙属于两栖动物。它们在水中产卵。蛙卵先变成蝌蚪，然后再慢慢长成青蛙。

绿头鸭

雄绿头鸭羽色艳丽，雌绿头鸭则全身呈现不显眼的棕灰色。雌绿头鸭一次能产7~8只蛋。小绿头鸭一出壳就会游水。

白斑狗鱼

白斑狗鱼属于掠食性鱼类。它们经常躲藏在岸边的浅水区等候猎物的出现。白斑狗鱼一动不动地潜伏在水草丛中，一旦发现猎物，就会迅速蹿出，用锋利的牙齿咬住猎物。

非洲大草原上的动物

非洲大草原地域辽阔，气候炎热，是许多动物的家园。生活在这里的一些大型群居动物，会为了寻找食物而进行长途跋涉。

豹子

豹子属于大型猫科动物。人类曾为了得到它们漂亮的皮毛而捕杀它们，致使这种动物在许多地区灭绝。豹子善于攀爬。它们经常把猎物拖到树上食用，以防其他野兽前来抢夺。

非洲鸵鸟

非洲鸵鸟是地球上最大、最重的鸟类。它们不会飞，却能跑得飞快。鸵鸟蛋是世界上最大的鸟蛋。

长颈鹿

长颈鹿可以长到5米多高。它们能够借助长长的脖子，吃到灌木和树木顶端的叶子。

跳羚

跳羚是羚羊的一种。它们是群居动物。跳羚能够快速奔跑。

非洲象

非洲象是陆地上最大的哺乳动物。它们用长长的鼻子卷取野草和树叶食用。非洲象的皮肤非常敏感。为了防止蚊虫叮咬，它们喜欢在洗完澡后往身上喷上一层泥土。

犀牛

犀牛属于濒危动物。因谣传犀牛角具有神奇的功效，犀牛曾遭到盗猎者的捕杀。犀牛以叶子、花苞和树枝为食，体重可达2吨以上。它们喜欢在烂泥里打滚，从而摆脱苍蝇的骚扰。

斑马

斑马身上长有黑白相间的条纹。它们和马有亲属关系。斑马经常成群穿行在大草原上。

猎豹

猎豹是地球上跑得最快的哺乳动物。这种大型猫科动物捕猎时的速度能达到每小时110千米。

秃鹫

秃鹫是一种食腐动物，它们以动物的尸体为食。秃鹫经常在高空滑翔，用锐利的双眼搜寻死亡的动物。

狮子

狮子是地球上最凶猛的动物之一，只有雄狮才长有鬃毛。狮子是群居动物。许多童话和寓言里都有关于它们的故事。

动物索引 <small>（按音序排列）</small>

如果你想了解某种动物，可以在这里查找它生活在哪里，以及出现在书中的哪一页：先找到这种动物的剪影图片，再根据它的颜色找到对应的正文部分，然后你就能知道这种动物生活在哪里，并在对应的书页上看到关于这种动物的介绍了。例如，狐狸（浅绿色）生活在森林中（森林中的动物所在章节都有浅绿色的标志，狐狸则出现在第 6 页）。

阿德利企鹅 11

豹子 42

刺猬 31

鹅 15

白斑狗鱼 39

蝙蝠 31

翠鸟 39

非洲鸵鸟 42

白鹳 38

仓鼠 23

帝企鹅 11

非洲象 42

斑马 43

苍鹰 7

貂（石貂）14

港海豹 35

豹海豹 10

长颈鹿 42

杜鹃 7

鸽子 30

狗 30

黑框蓝闪蝶 26

獾 6

军舰鸟 18

海胆 35

黑水鸡 38

蝗虫 22

火蝾螈 7

鵟（普通鵟） 23

海狗 11

红嘴鸥 34

鸡 15

蓝鲸 11

海马 19

吼猴 27

寄居蟹 34

鲤鱼 38

海鳗 18

海豚 18

狐狸 6

金刚鹦鹉 26

蛎鹬 34

海星 35

虎鲸 10

巨嘴鸟 27

猎豹 43

羚羊（跳羚）42

美洲豹 26

欧螈（冠欧螈）38

珊瑚 19

鹿 7

美洲角雕 26

狍子 23

珊瑚鱼 19

麻雀 31

绵羊 14

蜻蜓 39

狮子 43

马 14

貘 27

蚺 27

树懒 26

猫 31

奶牛 15

鲨鱼（真鲨）18

水母 18

猫头鹰（仓鸮）14

南美浣熊 27

山鹑 23

松鼠 7

鸟蛤 34

山羊 15

松鸦 6

隼（红隼）30

乌贼 19

犀牛 43

田鼠 22

喜鹊 31

秃鹫 43

蛙（青蛙）39

象海豹 10

小红蛱蝶 23

王企鹅 11

蟹（普通滨蟹）35

乌鸫 30

信天翁 10

穴兔 22

鸭子（绿头鸭）39

燕子（家燕）15

野兔 22

野猪 6

贻贝 35

银鸥 34

鹦嘴鱼 19

游蛇 38

雨燕 30

贼鸥 10

雉鸡 22

猪 14

啄木鸟（大斑啄木鸟）6